1 Löse die Aufgaben.

a)
20 + 30 = 50
30 + 40 = ___
60 + 30 = ___
50 + 10 = ___
40 + ___ = 90
70 + ___ = 100
20 + ___ = 60
30 + ___ = 80

b)
90 − 40 = ___
80 − 50 = ___
60 − 30 = ___
60 − 40 = ___
90 − ___ = 60
100 − ___ = 40
70 − ___ = 50
___ = 20

W0358155

2 Ergänze die Zahlenmauern.

a)

b)

c)

d)

1 Trage die fehlenden Zahlen ein.

a)

90		
80	*10*	
30	50	
50	50	
80		
50		
50		
	10	
90		
20		
70		
	30	
80		
20		
50		
	30	

b)

90		
20	*30*	*40*
10	50	40
80		
20	30	
70		
	20	10
90		
40		10
100		
30		40

Zahldarstellungen zuordnen

1 Verbinde passend.

7Z 7E

fünfunddreißig

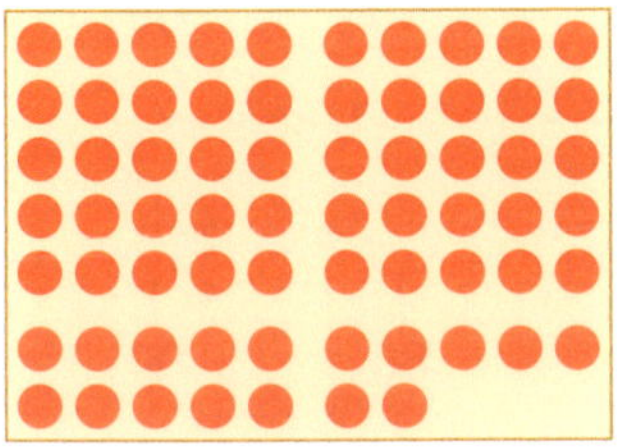

90 + 1

Z	E
4	6

35

77

84

46

67

91

52

vierundachtzig

Z	E
6	7

50 + 2

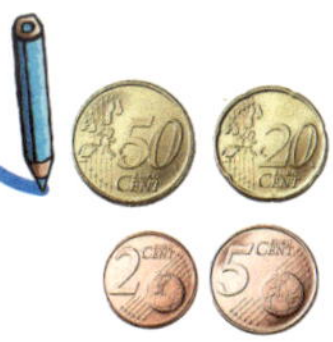

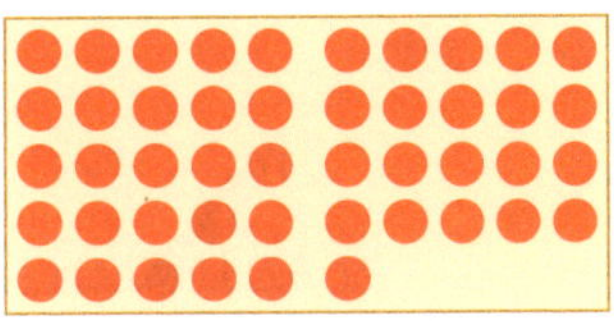

1 Ergänze die Ausschnitte aus der Hundertertafel.

a) 

b) 

c) 

2 Trage die Zahlen ein, auf die die Pfeile zeigen.

a) 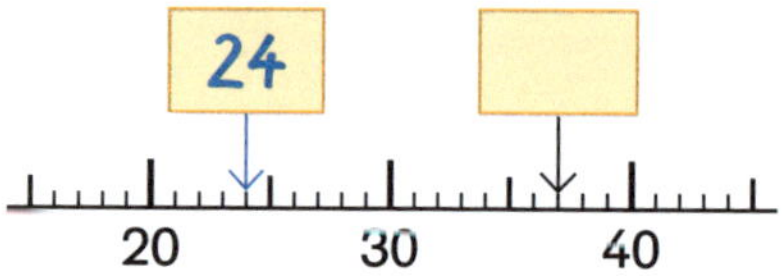

b) 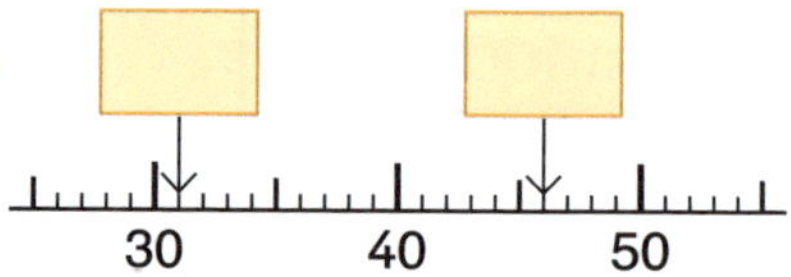

c) 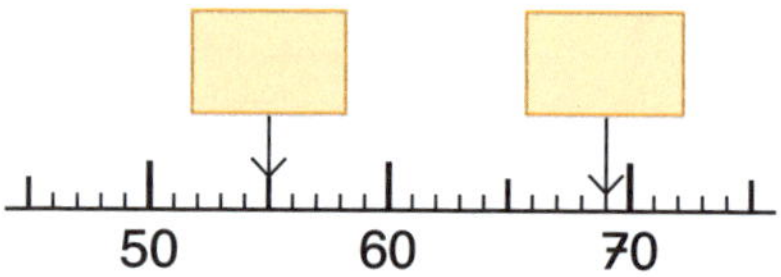

d) 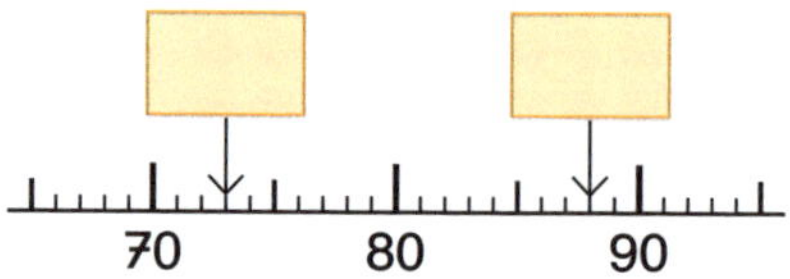

3 Trage die Zahlen mit einem Pfeil am Zahlenstrahl ein.

a) ~~27~~, 38

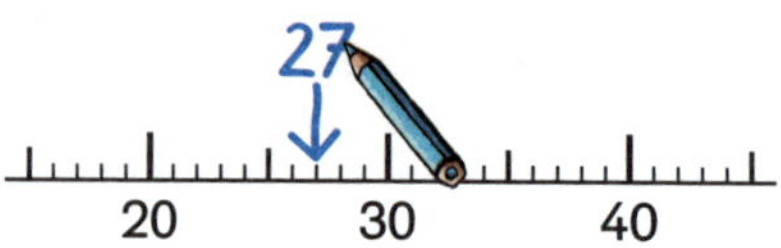

b) 65, 76

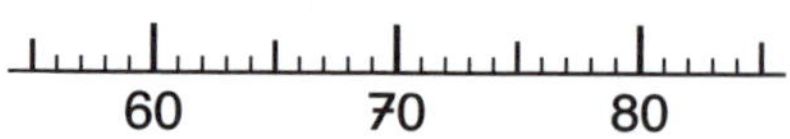

c) 42, 56

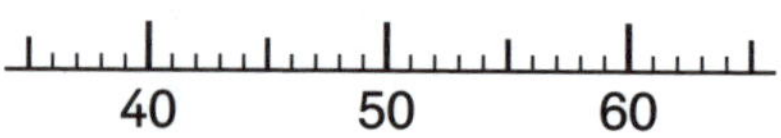

d) 83, 96

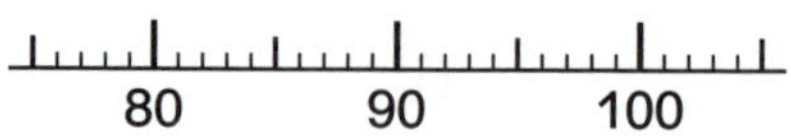

Fehlende Zahlen ergänzen

1 Bestimme Vorgänger und Nachfolger.

a)

22	23	24
	40	
	64	

b)

	80	
	51	
	72	

c)

	36	
	90	
	29	

2 Ergänze die Zahlfolgen.

a)	44	45	46	47				51
b)	79	78				74		
c)			66			69		
d)			89			86		

3 Bestimme die beiden Nachbarzehner.

a)

20	23	30
	85	
	54	

b)

	38	
	45	
	62	

c)

	7	
	12	
	79	

Zahlen ordnen, nach gerade und ungerade sortieren

1 Ordne die Zahlen der Größe nach.

a) ~~37~~ 92 56 84 73 59 86

37 < ___ < ___ < ___ < ___ < ___ < ___

b) 72 26 62 ~~93~~ 16 27 39

93 > ___ > ___ > ___ > ___ > ___ > ___

2 Male die Felder mit geraden Zahlen rot
und die Felder mit ungeraden Zahlen blau aus.

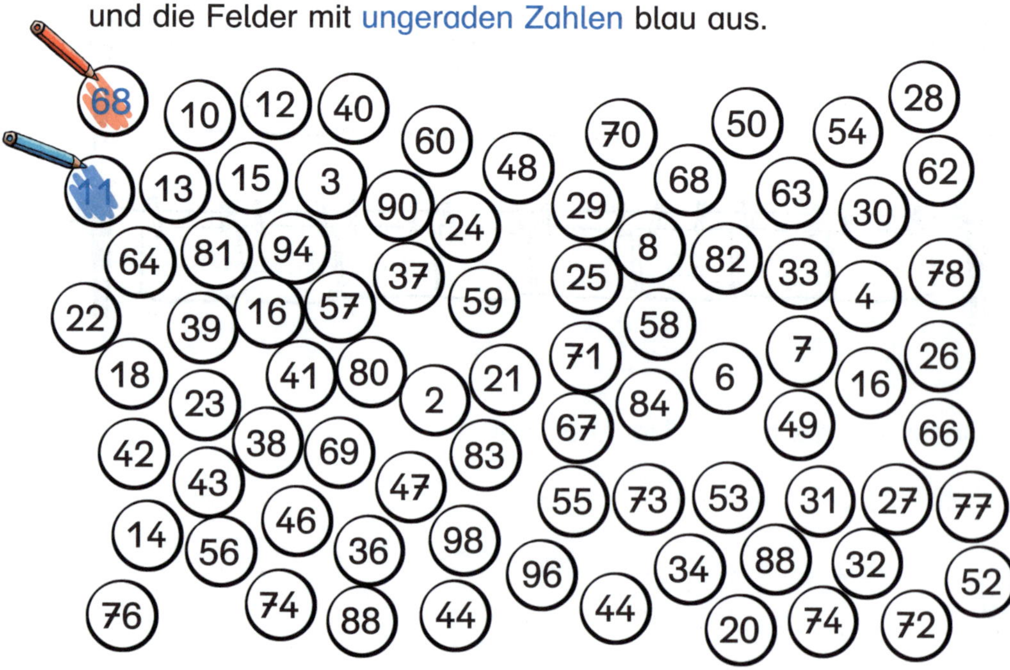

Einem Säulendiagramm Informationen entnehmen

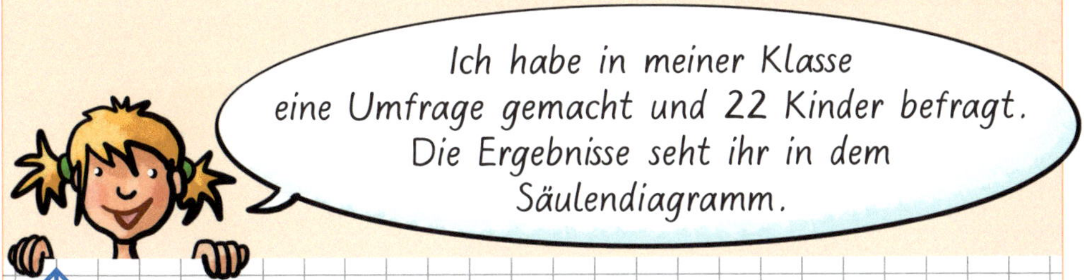

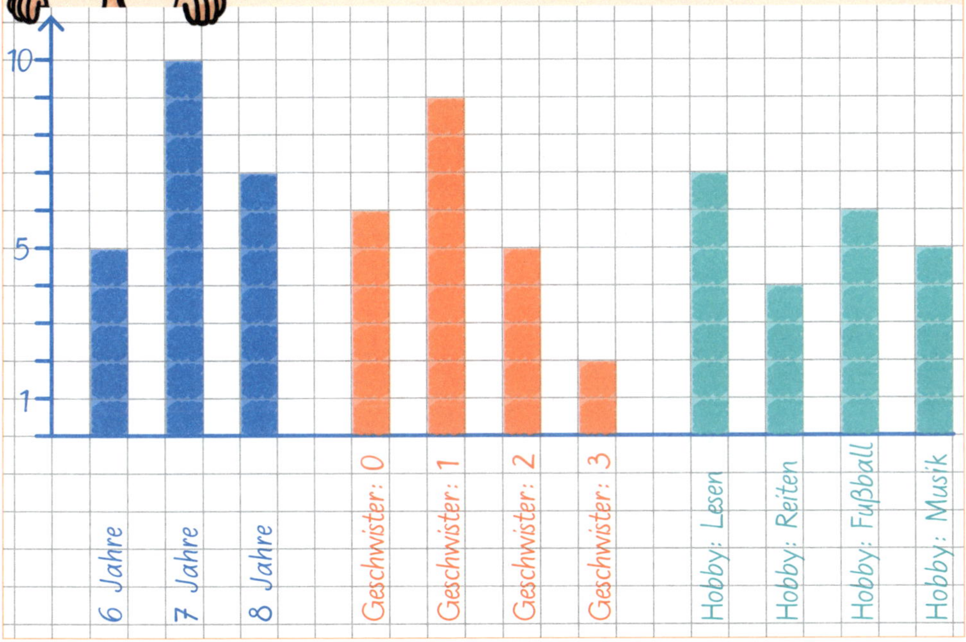

1 Ergänze die Aussagen.

5 Kinder sind 6 Jahre alt.	☐ Kinder sind 8 Jahre alt.	☐ Kinder sind 7 Jahre alt.
☐ haben 2 Geschwister.	☐ haben 1 Geschwister.	☐ haben keine Geschwister.
☐ haben als Hobby Lesen.	☐ haben als Hobby Reiten.	☐ haben als Hobby Musik.

Geometrische Grundformen erkennen

1 Finde die Formen in der Figur.
Male die Formen an:

●: rot ▲: blau ■: gelb ▬: grün

2 Zähle die Formen in der Figur in Aufgabe **1**.
Trage ein, wie oft du sie entdeckst.

Kreise ●	Dreiecke ▲	Quadrate ■	Rechtecke ▬

Muster und Reihen fortsetzen

1 Setze die Muster fort.

a)

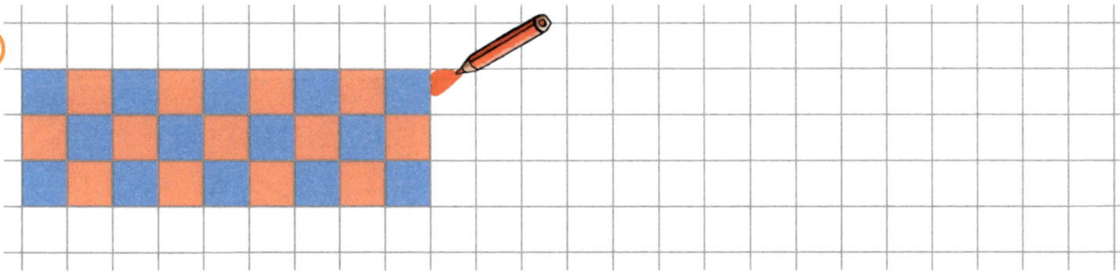

b)

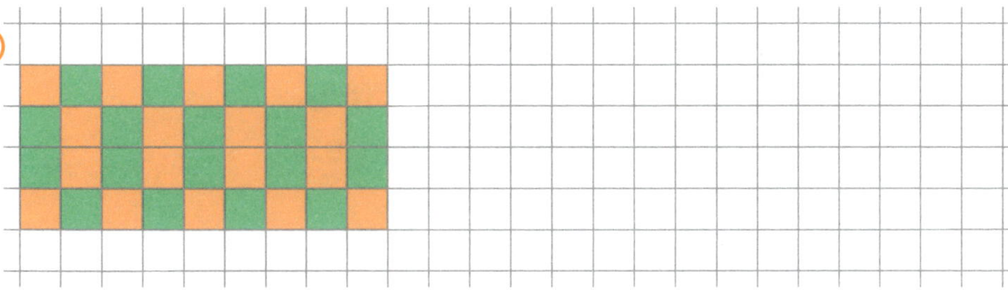

c)

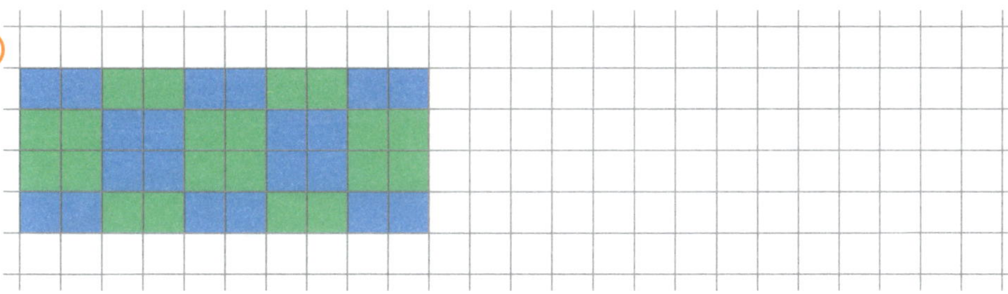

2 Setze die Reihen fort.

a)

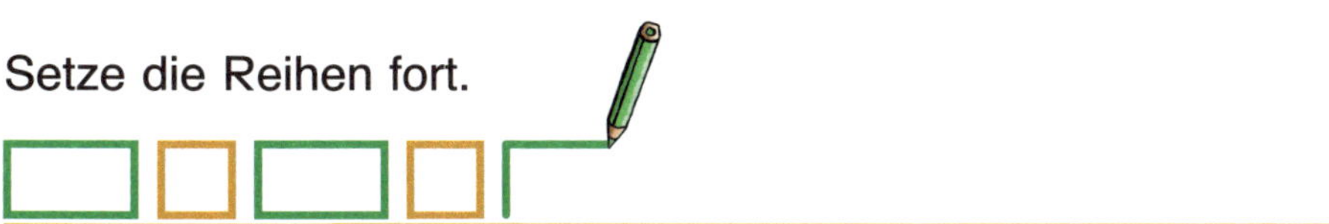

b)

c)

d)

1 Zeichne das Bild unten nach den Vorgaben weiter.
Markiere mit einem Haken, was du gemalt hast.

- [x] Rechts neben dem Haus steht ein Baum.
- [ ] Links neben dem Haus parkt ein blaues Auto.
- [ ] Auf dem Auto sitzt ein Vogel.
- [ ] Rechts neben der Haustür steht ein Blumentopf.
- [ ] Über dem Haus fliegt ein Flugzeug.
- [ ] Hinter dem Haus sieht man Berge.
- [ ] Unter dem Baum sitzt ein Igel.
- [ ] Vor dem Haus ist eine Wiese mit bunten Blumen.

Symmetrische Figuren ergänzen und überprüfen

1 Ergänze das Spiegelbild.

a)

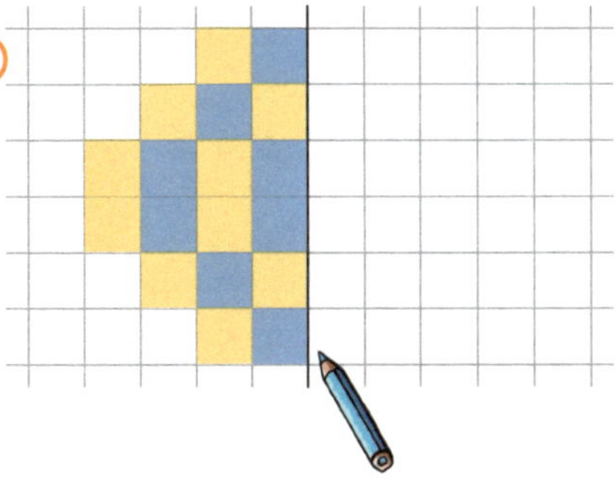

b)

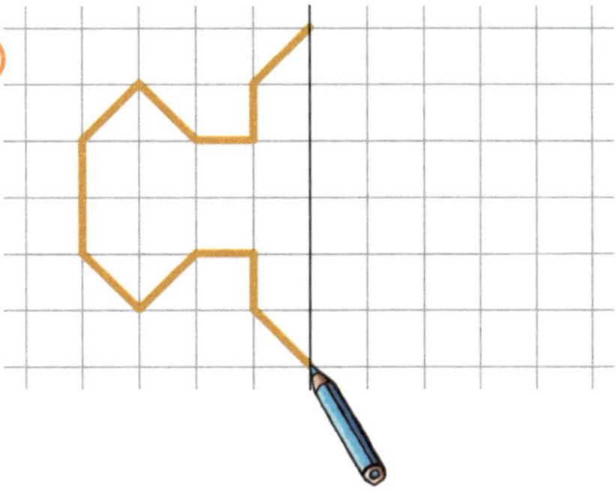

2 Kreise die Fehler in dem Spiegelbild ein.
Tipp: Es sind 5 Fehler in dem Spiegelbild versteckt.

Plus- und Minusaufgaben bis 10 üben

1 Löse die Plusaufgaben.

a)	b)	c)
3 + 5 = 8	5 + 1 =	3 + 4 =
5 + 4 =	4 + 3 =	6 + 4 =
7 + 3 =	3 + 6 =	2 + 6 =
4 + 2 =	2 + 7 =	4 + 5 =
2 + 5 =	5 + 3 =	7 + 2 =

2 Löse die Minusaufgaben.

a)	b)	c)
10 − 8 = 2	8 − 2 =	10 − 6 =
8 − 5 =	9 − 3 =	9 − 7 =
7 − 3 =	3 − 2 =	7 − 2 =
6 − 4 =	8 − 3 =	8 − 6 =
9 − 6 =	7 − 4 =	4 − 1 =

3 Löse die Plus- und Minusaufgaben.

a)	b)	c)
7 − 5 = 2	4 + 4 =	6 − 2 =
8 + 2 =	10 − 2 =	3 + 3 =
5 − 2 =	1 + 9 =	10 − 5 =
1 + 8 =	8 − 4 =	5 + 5 =
9 − 5 =	6 + 2 =	4 − 2 =

Verwandte Plusaufgaben lösen

1 Löse verwandte Aufgabenpaare.

a) 1 + 7 = 8
41 + 7 = 48

b) 2 + 5 = ☐
62 + 5 = ☐

c) 7 + 2 = ☐
57 + 2 = ☐

d) 1 + 4 = ☐
81 + 4 = ☐

e) 2 + 6 = ☐
72 + 6 = ☐

f) 3 + 7 = ☐
23 + 7 = ☐

g) 4 + 3 = ☐
84 + 3 = ☐

h) 6 + 3 = ☐
36 + 3 = ☐

i) 4 + 2 = ☐
94 + 2 = ☐

2 Verbinde immer drei verwandte Aufgaben.
Löse die Aufgaben.

62 + 5 = 67	2 + 5 = 7	33 + 6 = ☐
86 + 2 = ☐	3 + 6 = ☐	42 + 5 = 47
53 + 6 = ☐	6 + 2 = ☐	64 + 2 = ☐
65 + 3 = ☐	1 + 8 = ☐	56 + 2 = ☐
31 + 8 = ☐	4 + 2 = ☐	71 + 8 = ☐
94 + 2 = ☐	5 + 3 = ☐	85 + 3 = ☐

1 Rechne zuerst die kleine Aufgabe im Kopf.
Löse dann die Aufgabe.

a)	b)	c)
23 + 5 = 28	38 + 1 =	16 + 4 =
55 + 3 =	44 + 5 =	84 + 6 =
82 + 4 =	92 + 6 =	43 + 4 =
64 + 2 =	74 + 4 =	34 + 3 =
42 + 5 =	56 + 2 =	77 + 2 =

2 Löse die Aufgaben. Richtige Ergebnisse findest du auf den Dosen. Male die Felder an.

64 + 3 = 67	85 + 2 =	94 + 6 =
72 + 5 =	91 + 8 =	42 + 6 =
81 + 7 =	35 + 4 =	
43 + 6 =		
27 + 2 =		

Verwandte Minusaufgaben lösen

1 Löse verwandte Aufgabenpaare.

a) 8 − 7 = 1	b) 7 − 5 =	c) 9 − 2 =
68 − 7 = 61	47 − 5 =	59 − 2 =
d) 10 − 7 =	e) 9 − 4 =	f) 8 − 6 =
70 − 7 =	89 − 4 =	98 − 6 =
g) 3 − 1 =	h) 6 − 3 =	i) 5 − 2 =
33 − 1 =	26 − 3 =	65 − 2 =

2 Male verwandte Aufgabenpaare immer in der gleichen Farbe aus. Löse dann die Aufgaben.

99 − 2 = 97	9 − 6 =	7 − 5 =
39 − 5 =	10 − 5 =	78 − 3 =
8 − 5 =	8 − 4 =	57 − 3 =
7 − 3 =	28 − 4 =	68 − 5 =
8 − 3 =	40 − 5 =	9 − 5 =
67 − 5 =	79 − 6 =	9 − 2 = 7

Minusaufgaben lösen

1 Rechne zuerst die kleine Aufgabe im Kopf.
Löse dann die Aufgabe.

a)
23 – 1 = 22
55 – 3 =
86 – 4 =
77 – 5 =
48 – 3 =

b)
36 – 2 =
98 – 4 =
65 – 1 =
85 – 4 =
39 – 4 =

c)
46 – 3 =
28 – 4 =
94 – 2 =
33 – 0 =
79 – 9 =

2 Löse die Aufgaben. Richtige Ergebnisse findest du auf den Steinen. Streiche die Zahlen durch.

55 – 1 = 54
57 – 6 =
89 – 6 =
45 – 2 =
17 – 7 =

95 – 4 =
38 – 7 =

43 – 2 =
67 – 4 =
82 – 0 =
29 – 8 =
28 – 8 =

Mit verwandten Plusaufgaben rechnen

1 Suche und berechne zuerst die kleine Aufgabe.

a) 7 + 5 = 12
27 + 5 = 32

b) ☐ + ☐ = ☐
48 + 7 = ☐

c) ☐ + ☐ = ☐
76 + 8 = ☐

d) ☐ + ☐ = ☐
36 + 5 = ☐

e) ☐ + ☐ = ☐
75 + 8 = ☐

f) ☐ + ☐ = ☐
68 + 5 = ☐

g) ☐ + ☐ = ☐
87 + 8 = ☐

h) ☐ + ☐ = ☐
36 + 6 = ☐

2 Berechne zuerst die Hilfsaufgabe im Kopf.
Löse dann die Aufgabe.

a)	b)	c)
36 + 7 = 43	57 + 8 = ☐	23 + 8 = ☐
58 + 5 = ☐	79 + 5 = ☐	84 + 9 = ☐
67 + 6 = ☐	58 + 4 = ☐	55 + 6 = ☐
78 + 7 = ☐	37 + 7 = ☐	43 + 8 = ☐
89 + 4 = ☐	28 + 6 = ☐	68 + 3 = ☐
76 + 6 = ☐	86 + 6 = ☐	82 + 9 = ☐
27 + 9 = ☐	33 + 9 = ☐	77 + 4 = ☐
44 + 7 = ☐	45 + 7 = ☐	39 + 9 = ☐

Mit verwandten Minusaufgaben rechnen

1 Suche und berechne zuerst die kleine Aufgabe.

a) 12 – 5 = 7
52 – 5 = 47

b) ☐ – ☐ = ☐
73 – 8 = ☐

c) ☐ – ☐ = ☐
85 – 7 = ☐

d) ☐ – ☐ = ☐
61 – 4 = ☐

e) ☐ – ☐ = ☐
93 – 6 = ☐

f) ☐ – ☐ = ☐
32 – 7 = ☐

g) ☐ – ☐ = ☐
44 – 8 = ☐

h) ☐ – ☐ = ☐
63 – 5 = ☐

2 Berechne zuerst die kleine Aufgabe im Kopf.
Löse dann die Aufgabe.

a)	b)	c)
71 – 8 = 63	42 – 4 = ☐	28 – 9 = ☐
83 – 7 = ☐	75 – 7 = ☐	53 – 7 = ☐
64 – 9 = ☐	62 – 6 = ☐	44 – 5 = ☐
92 – 6 = ☐	34 – 8 = ☐	73 – 5 = ☐
56 – 8 = ☐	52 – 3 = ☐	87 – 8 = ☐
31 – 5 = ☐	83 – 6 = ☐	82 – 9 = ☐
48 – 9 = ☐	96 – 9 = ☐	33 – 4 = ☐
25 – 7 = ☐	51 – 7 = ☐	65 – 8 = ☐

Plusaufgaben üben

1 Fülle die Rechentabellen aus.

a)

+	5	4	8	7
29	34			
38				
47				

b)

+	7	9	6	8
14				
36				
45				

c)

+	6	5	8	4
59				
88				
76				

d)

+	9	6	8	7
44				
55				
66				

2 Ergänze die Zahlenmauern.

a)

b)

c)

d)

Minusaufgaben üben

1 Male die Aufgabenkärtchen, die zum Ergebnis passen, aus.

a) > 48

53 − 4 | 52 − 8
55 − 7 | 57 − 8
54 − 5 | 56 − 9

b) < 66

72 − 3 | 71 − 9
72 − 7 | 75 − 7
74 − 8 | 73 − 8

2 Ergänze die Zahlfolgen.

a)
b)
c)
d)

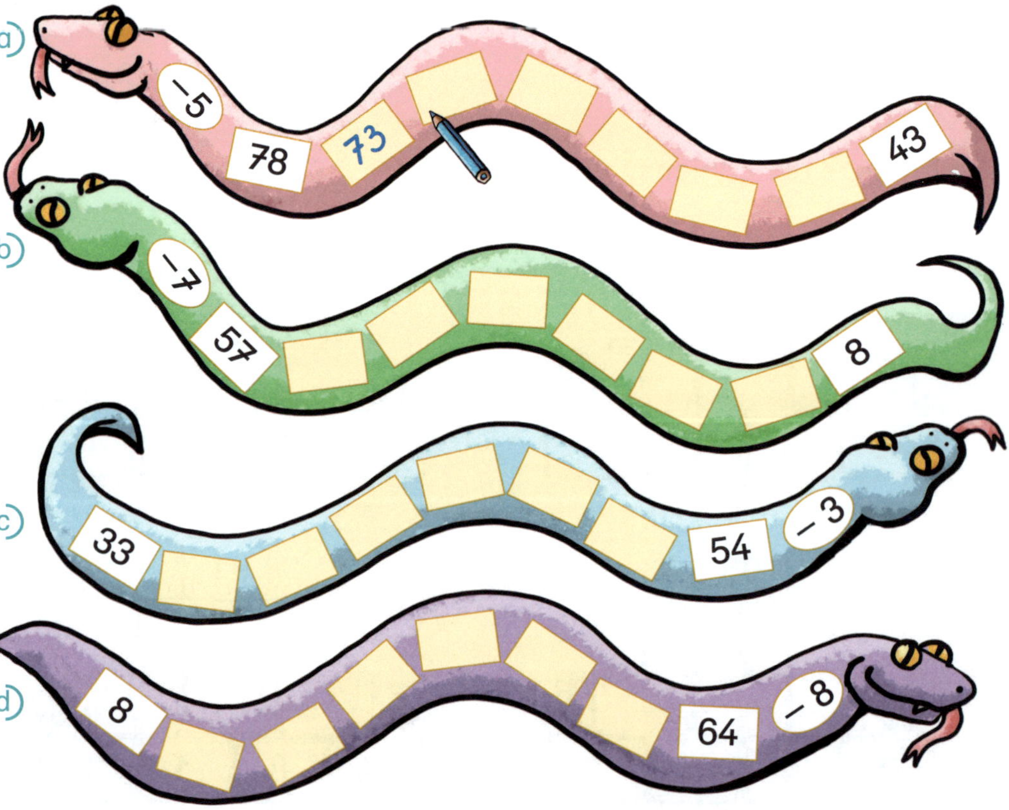

Zu Rechengeschichten Fragen und Antworten finden

1 Finde die passende Antwort.

F: Wie viele Strohsterne haben Lea und ihr Bruder gebastelt?

R: 7 + 5 = 12

A: ______________________________

____

2 Finde die passende Frage.

F: ______________________________

____

R: 7 − 5 = 2

A: Lea hat 2 Strohsterne mehr gebastelt als ihr Bruder.

Mit Monaten und dem Datum umgehen

1 Ergänze die fehlenden Monatsnamen.

Januar, Februar, März ______, April, Mai, ______

Juli, ______, ______

Oktober, ______, Dezember

2 Ergänze die fehlenden Wochentage.

a) Montag ______, Dienstag, ______

b) Freitag, ______, Sonntag

c) ______, Donnerstag, ______

d) ______, ______, Samstag

3 Ergänze die Kalenderblätter.

Montag 2. Mai	Donnerstag ______	______ 6. Mai	Mittwoch ______
______ 3. Mai	______ 7. Mai	Sonntag ______	

Das Datum aufschreiben

1 Schreibe das Datum mit Zahlen.

18. Februar: 18. 2. ______ | 9. Oktober: ______
4. Mai: ______ | 25. Dezember: ______
6. August: ______ | 19. September: ______
17. April: ______ | 27. Juli: ______

2 Schreibe den Monatsnamen als Wort.

26. 4.: 26. April ______

5. 1.: ______

8. 6.: ______

15. 3.: ______

17. 10.: ______

30. 8.: ______

3 Ergänze die Datumsangaben.

Heute ist Freitag, der 9.12.

Gestern war Donnerstag ______, der 8.12. ______.

Morgen ist ______, der ______.

In einer Woche ist ______, der ______.

Vorgestern war ______, der ______.

Übermorgen ist ______, der ______.

Zu Darstellungen Punktebilder und Aufgaben finden

1 Zeichne zu jedem Bild ein Punktebild.
Schreibe die Plusaufgabe und die Malaufgabe dazu.

a) 

3 + 3 + 3 = 9
☐ · ☐ = ☐

b) 

☐ + ☐ = ☐
☐ · ☐ = ☐

c) 

☐ + ☐ + ☐ + ☐ = ☐
☐ · ☐ = ☐

d) 

☐ + ☐ + ☐ + ☐ = ☐
☐ · ☐ = ☐

e) 

☐ + ☐ = ☐
☐ · ☐ = ☐

Tauschaufgaben finden

1 Schreibe zu jedem Punktebild die andere Plusaufgabe und die andere Malaufgabe.

a) 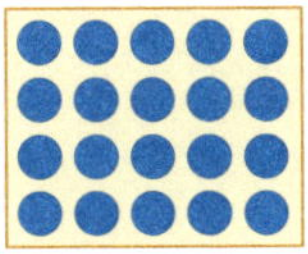

5 + 5 + 5 + 5 = 20

4 · 5 = 20

4 + 4 + 4 + 4 + 4 = 20

__ · __ = __

b) 

2 + 2 + 2 + 2 + 2 = 10

5 · 2 = 10

__ + __ = __

__ · __ = __

2 Schreibe zu jedem Punktebild zwei Plusaufgaben und zwei Malaufgaben.

a) 

3 + 3 + 3 + 3 + 3 + 3 = 18

b) 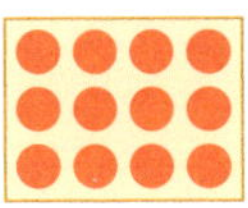

Malaufgaben zerlegen und zusammensetzen

1 Schreibe die Zerlegungsaufgaben und die Malaufgaben auf.

a) 

$\boxed{5} \cdot 5 + \boxed{1} \cdot 5 = \boxed{6} \cdot 5$

b) 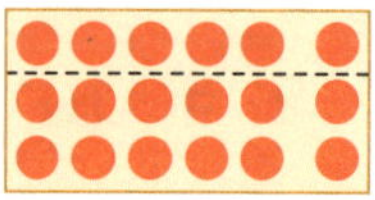

$\square \cdot 6 + \square \cdot 6 = \square \cdot 6$

c) 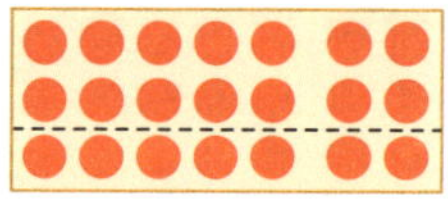

$\square \cdot 7 + \square \cdot 7 = \square \cdot 7$

d) 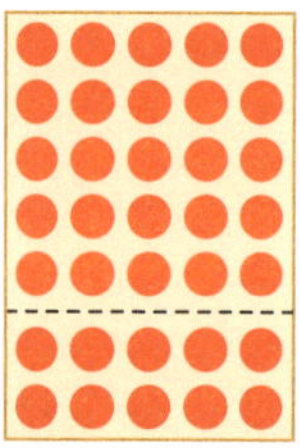

$\square \cdot 5 + \square \cdot 5 = \square \cdot 5$

e) 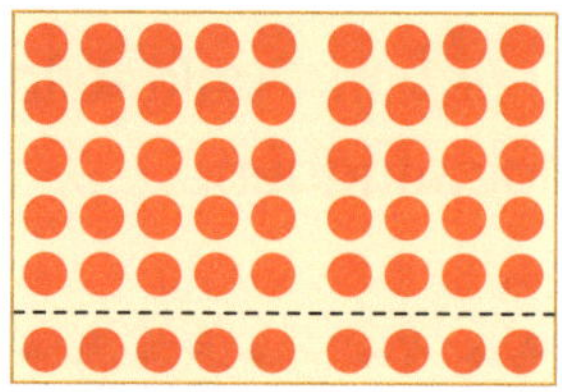

$\square \cdot 9 + \square \cdot 9 = \square \cdot 9$

2 Setze die Zerlegungsaufgaben zusammen.

a) $5 \cdot 4 + 1 \cdot 4 = \boxed{6} \cdot \boxed{4}$

b) $2 \cdot 5 + 1 \cdot 5 = \square \cdot \square$

c) $5 \cdot 6 + 2 \cdot 6 = \square \cdot \square$

d) $2 \cdot 3 + 1 \cdot 3 = \square \cdot \square$

e) $5 \cdot 8 + 1 \cdot 8 = \square \cdot \square$

f) $5 \cdot 2 + 2 \cdot 2 = \square \cdot \square$

Einmaleins mit 1 und 10 üben

1 Ergänze die Tabellen.

a)

· 1 →	
8	8
9	
3	
2	
5	

b)

· 1 →	
	4
	7
	1
	6
	10

c)

· 10 →	
2	
6	
3	
8	
1	

d)

· 10 →	
	100
	70
	40
	90
	50

2 Trage die fehlenden Zahlen ein.

a)

b)

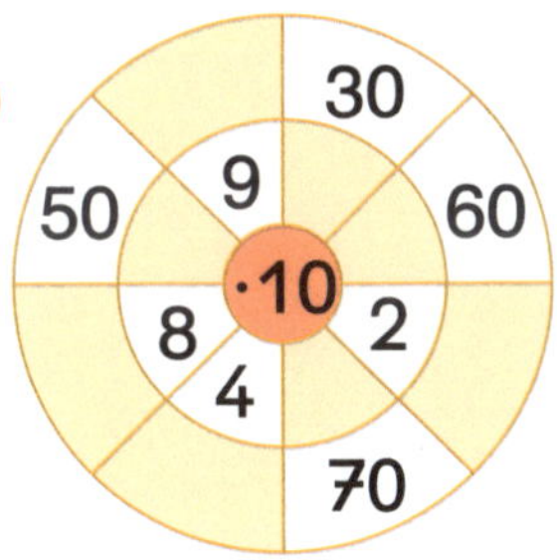

3 Male das richtige Ergebnis an.

a)

3 · 1 =	5	6	3
5 · 1 =	10	5	7
8 · 1 =	8	4	80
2 · 1 =	2	3	12
4 · 1 =	5	4	3
7 · 1 =	6	1	7

b)

3 · 10 =	3	30	13
9 · 10 =	9	19	90
5 · 10 =	50	40	60
7 · 10 =	70	17	7
4 · 10 =	4	80	40
2 · 10 =	12	20	3

Einmaleins mit 1, 2, 5 und 10 üben

1 Löse die Aufgabe. Schreibe dann die Tauschaufgabe auf.

a) 3 · 5 = 15
5 · 3 = 15

b) 6 · 1 = ___

c) 10 · 5 = ___

d) 2 · 10 = ___

e) 9 · 2 = ___

f) 4 · 5 = ___

g) 6 · 10 = ___

h) 7 · 5 = ___

i) 8 · 2 = ___

k) 9 · 1 = ___

l) 4 · 2 = ___

m) 7 · 10 = ___

2 Verbinde die Aufgaben mit den passenden Ergebniszahlen.

4 · 5	5 · 2	10 · 5	4 · 10	3 · 10
10	20	50	30	40
1 · 10	5 · 10	10 · 2	6 · 5	8 · 5

Einmaleins mit 4 und 8 üben

1 Schreibe zu jeder Ergebniszahl die beiden Malaufgaben.

32	8	40	16
8 · 4	☐ · 4	☐ · 4	☐ · 4
☐ · 8	☐ · 8	☐ · 8	☐ · 8

2 Trage die fehlenden Zahlen ein.

a) ·4: 7 → ☐, 3 → 12, 6 → ☐, 8 → ☐, ☐ → 40, 5 → ☐, ☐ → 16, ☐ → 36

b) ·8: 7 → ☐, ☐ → 72, ☐ → 24, 6 → ☐, 8 → ☐, ☐ → 80, 5 → ☐, ☐ → 32

3 Löse die Geheimschrift.

8	12	16	24	32	36	40	56	64
S	H	A	D	U	C	T	M	G

3·8 (D) | 8·4   7·8 | 2·8 | 9·4 | 3·4 | 4·2 | 10·4

6·4 | 4·4 | 2·4   8·8 | 4·8 | 5·8 !

Einmaleins mit 3, 6 und 9 üben

1 Verbinde Aufgaben, die das gleiche Ergebnis haben.

1 · 6	18	3 · 6
2 · 9	6	2 · 3
8 · 3	24	2 · 6
5 · 6	12	4 · 6
4 · 3	30	10 · 3

2 Trage die fehlenden Zahlen ein.

a)

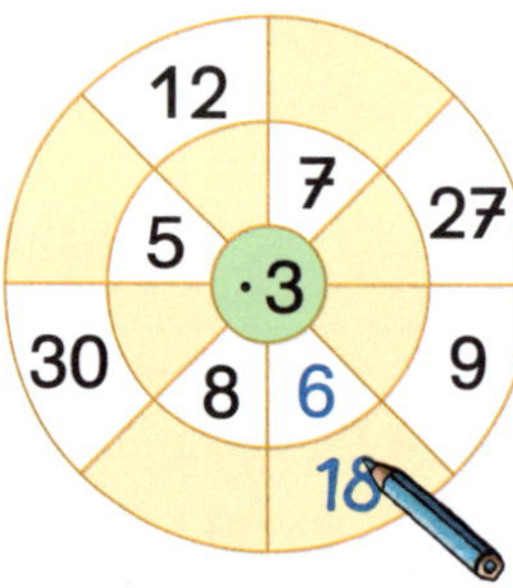

b)

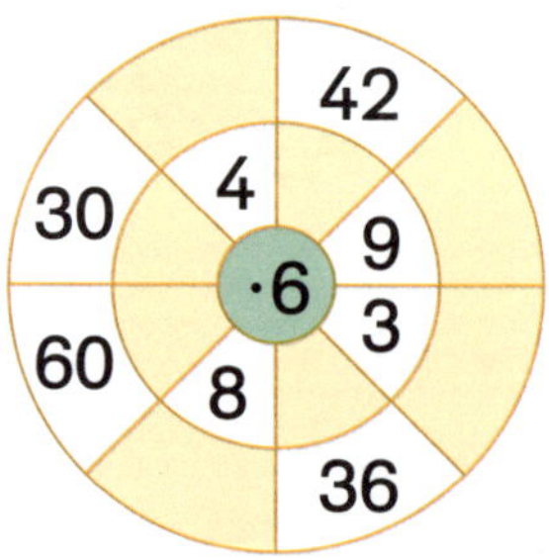

c)

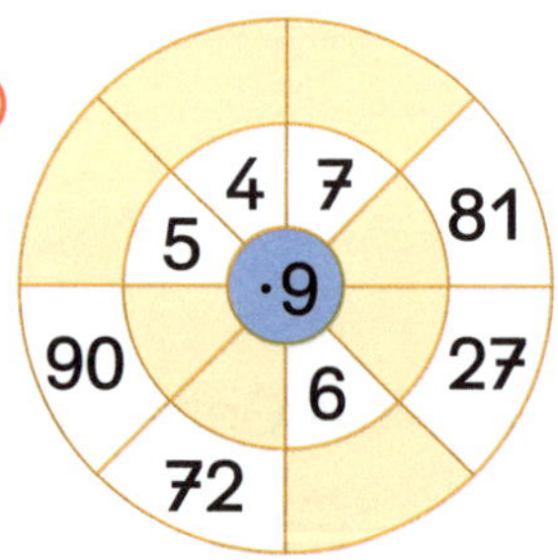

3 Löse die Aufgaben.

a)	b)	c)
2 · 3 = 6	2 · 6 =	2 · 9 =
4 · 3 =	4 · 6 =	4 · 9 =
8 · 3 =	8 · 6 =	8 · 9 =

1 Schreibe die Tauschaufgabe auf. Löse dann beide Aufgaben.

a) $1 \cdot 7 =$ 7
7 · 1 = 7

b) $5 \cdot 7 =$ ____
______

c) $10 \cdot 7 =$ ____
______

d) $2 \cdot 7 =$ ____
______

e) $4 \cdot 7 =$ ____
______

f) $8 \cdot 7 =$ ____
______

g) $3 \cdot 7 =$ ____
______

h) $6 \cdot 7 =$ ____
______

i) $9 \cdot 7 =$ ____
______

2 Immer 3 Zahlen ergeben eine Einmaleinsaufgabe mit 7.
Finde die Aufgaben und schreibe sie auf.

6	·	7	=	42
	·		=	
	·		=	
	·		=	
	·		=	
	·		=	

1. Löse die Aufgaben. Male für jedes Ergebnis ein Feld aus.

· 3 · 6

6 · 3 = 18
10 · 6 = ___
8 · 3 = ___
___ · 6 = 36
___ · 3 = 27
___ · 6 = 54

· 2 · 4

8 · 2 = ___
9 · 4 = ___
10 · 2 = ___
___ · 4 = 16
___ · 2 = 12
___ · 4 = 32

· 5 · 10

3 · 5 = ___
4 · 10 = ___
9 · 5 = ___
___ · 10 = 80
___ · 5 = 30
___ · 10 = 100

· 4 · 8

6 · 4 = ___
3 · 8 = ___
7 · 4 = ___
___ · 8 = 72
___ · 4 = 40
___ · 8 = 80

· 3 · 9

3 · 3 = ___
10 · 9 = ___
8 · 3 = ___
___ · 9 = 63
___ · 3 = 30
___ · 9 = 81

· 7

7 · 7 = ___
10 · 7 = ___
5 · 7 = ___
___ · 7 = 42
___ · 7 = 56
___ · 7 = 21

5	8	18	24	46	35	6	10	33	3	20	9	21
68	10	52	9	4	15	49	9	6	45	26	10	62
31	6	46	60	8	7	16	90	28	24	86	36	14
22	9	70	24	44	6	8	40	11	10	24	9	55

Zu Geteiltaufgaben passende Malaufgaben finden

1 Schreibe zu jedem Rechenbild eine Geteiltaufgabe und eine Malaufgabe.

a)

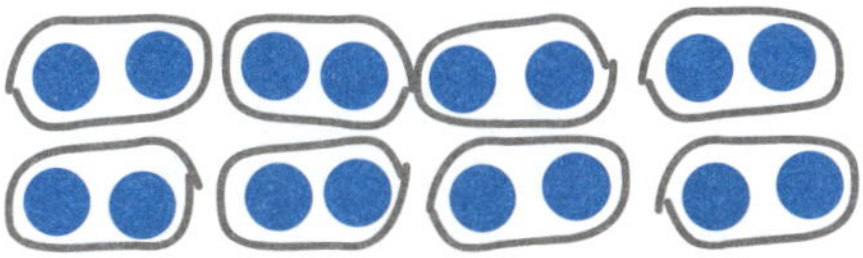

16 : 2 = 8

☐ · ☐ = ☐

b)

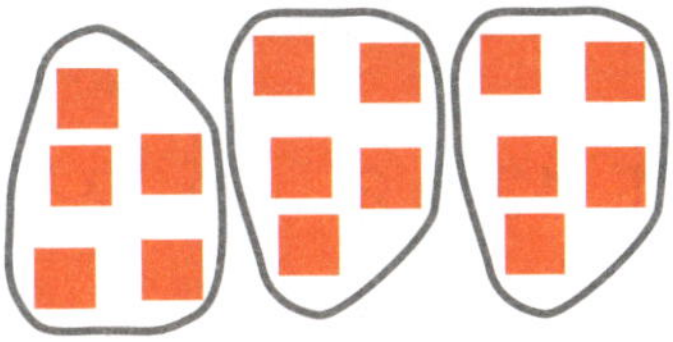

☐ : ☐ = ☐

☐ · ☐ = ☐

2 Suche Geteiltaufgaben und Malaufgaben, die zusammengehören. Male sie in der gleichen Farbe aus. Löse sie.

56 : 7 = 8	24 : 6 = ☐	63 : 9 = ☐
8 · 4 = ☐	32 : 4 = ☐	48 : 6 = ☐
21 : 3 = ☐	4 · 6 = ☐	8 · 6 = ☐
8 · 7 = 56	7 · 3 = ☐	7 · 9 = ☐

3 Schreibe zu 3 Zahlen jeweils 4 Aufgaben.

a) 3, 5, 15

3 · 5 = 15

15 : 5 = 3

b) 6, 4, 24

Versteckte Geteiltaufgaben finden

1 Finde die 14 versteckten Geteiltaufgaben. Schreibe sie auf.

1	12	6	2	7	6	15	7	14	11
12	8	7	19	3	19	3	1	24	0
28	4	7	10	4	12	5	10	4	8
41	3	23	35	5	7	13	48	6	8
12	13	60	26	14	72	20	33	12	14
3	56	7	8	58	9	11	27	9	3
64	8	8	6	5	8	10	25	13	19
2	14	11	42	6	7	14	63	7	9
20	5	4	44	28	81	9	9	5	50

48	:	6	=	8		:		=	
	:		=			:		=	
	:		=			:		=	
	:		=			:		=	
	:		=			:		=	
	:		=			:		=	
	:		=			:		=	

1 Schreibe zu jedem Bild die passende Geteiltaufgabe.

a)

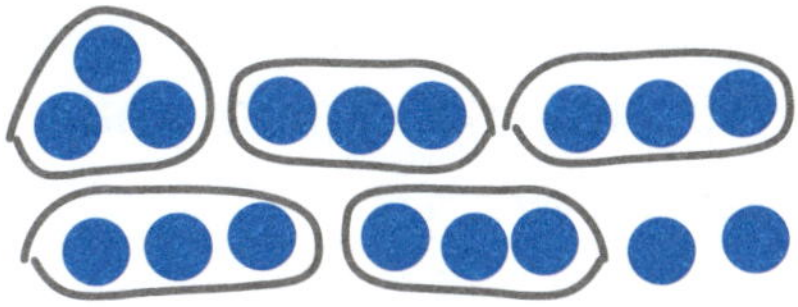

17 : 3 = 5 Rest ☐

b)

13 : 5 = ☐ Rest ☐

2 Löse die Aufgabenpaare.

a) 12 : 6 = 2
14 : 6 = 2 Rest 2

b) 18 : 9 = ☐
21 : 9 = ☐ Rest ☐

c) 24 : 4 = ☐
27 : 4 = ☐ Rest ☐

d) 48 : 8 = ☐
53 : 8 = ☐ Rest ☐

3 Löse die Geteiltaufgaben.
Finde und rechne zuerst die Geteiltaufgabe ohne Rest.

a) 20 : 5 = 4
23 : 5 = 4 Rest 3

b) ☐ : 7 = ☐
39 : 7 = ☐ Rest ☐

c) ☐ : 3 = ☐
20 : 3 = ☐ Rest ☐

d) ☐ : 2 = ☐
17 : 2 = ☐ Rest ☐

e) ☐ : 4 = ☐
18 : 4 = ☐ Rest ☐

f) ☐ : 6 = ☐
17 : 6 = ☐ Rest ☐

1 Zeichne zu jeder Rechengeschichte ein Punktebild.
Schreibe dann die Aufgabe und einen Antwortsatz dazu.

a) Maja baut eine Mauer aus Steckwürfeln. In jeder Reihe sind 7 Steckwürfel. Die Mauer ist 4 Steckwürfel hoch.

F: Aus wie vielen Steckwürfeln hat Maja die Mauer gebaut?

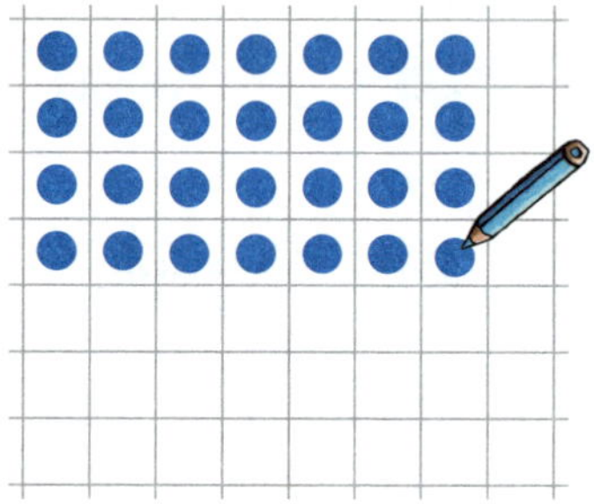

R: ______________________________

A: ______________________________

____

b) Lena baut aus 20 Steckwürfeln Vierertürme.

F: Wie viele Türme kann sie bauen?

R: ______________________________

A: ______________________________

____

c) Patrick baut aus 24 Steckwürfeln 4 Türme. Alle Türme sind gleich hoch.

F: Aus wie vielen Steckwürfeln besteht jeder Turm?

R: ______________________________

A: ______________________________

____

Dreiecke, Rechtecke und Quadrate zeichnen

1 Zeichne …

a) … drei unterschiedliche Rechtecke.

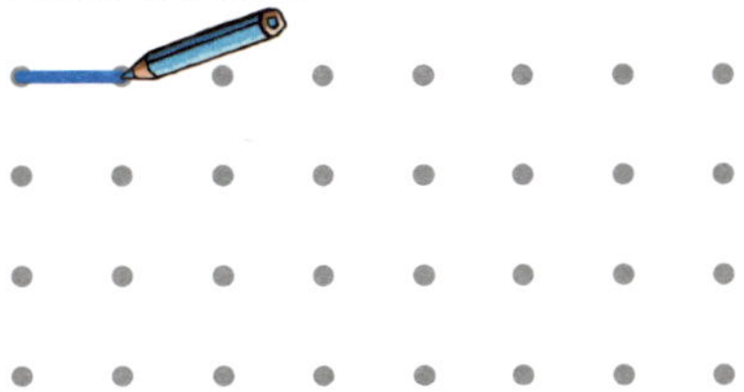

b) … drei unterschiedliche Dreiecke.

c) … drei unterschiedliche Quadrate.

2 Male aus:

a) zwei unterschiedliche Rechtecke.

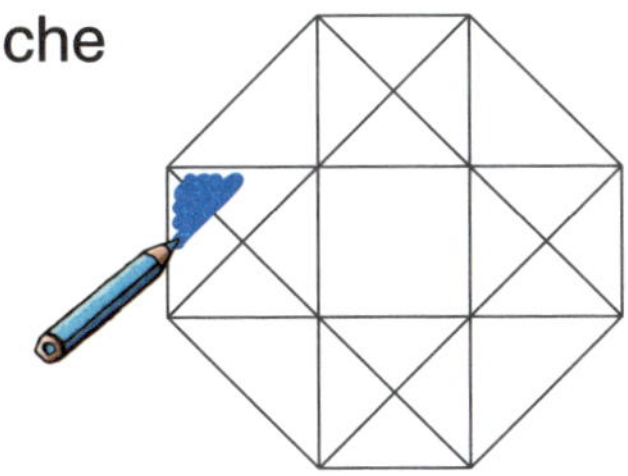

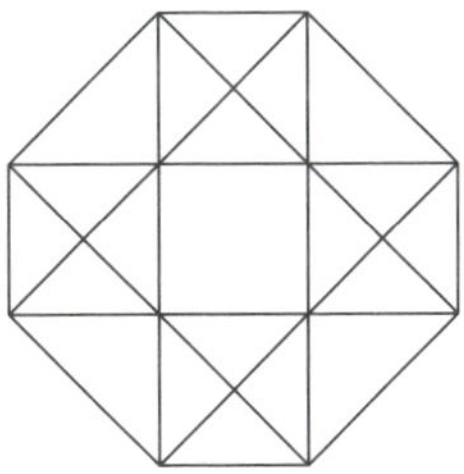

b) zwei unterschiedliche Quadrate.

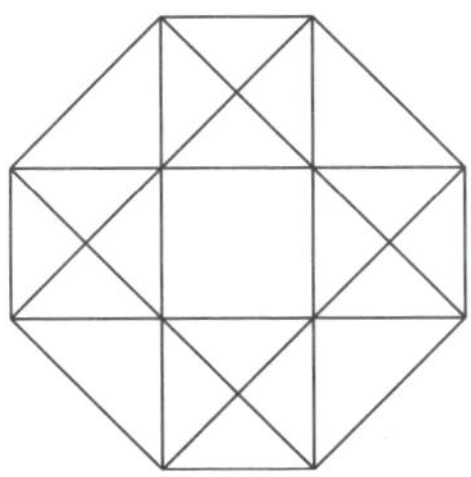

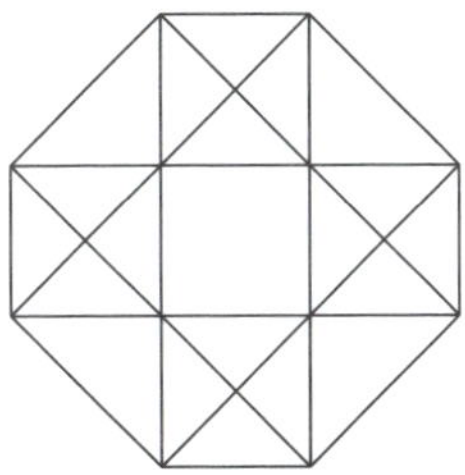

Plus- und Minusaufgaben mit Zehnerzahlen üben

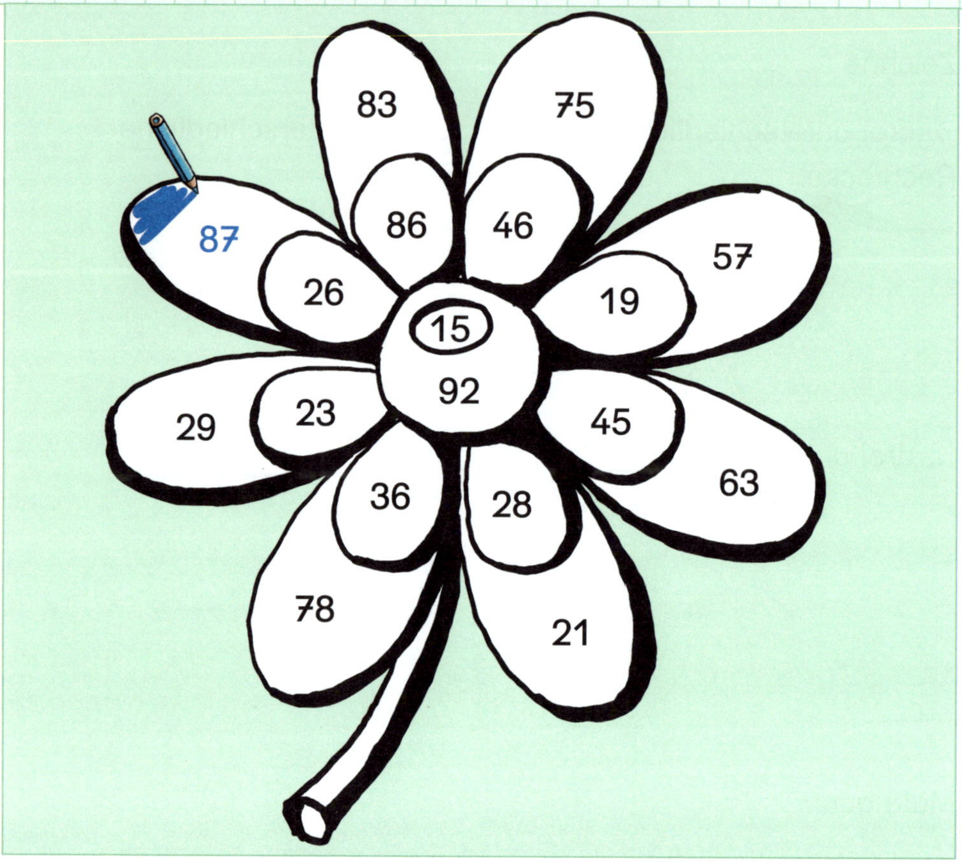

1 Rechne. Male für jedes Ergebnis ein Blütenblatt aus.

a)		b)		c)	
70 + 17 =	87	76 – 30 =		30 + 27 =	
30 + 48 =		81 – 60 =		79 – 50 =	
70 + 13 =		85 – 40 =		33 + 30 =	
16 + 20 =		39 – 20 =		55 – 40 =	
25 + 50 =		63 – 40 =		40 + 52 =	
46 + 40 =		96 – 70 =		68 – 40 =	

Plusaufgaben lösen

1 Rechne im Kopf. Trage nur die Ergebnisse ein.

a)	b)	c)
25 + 43 = 68	35 + 42 =	65 + 24 =
34 + 36 =	55 + 22 =	54 + 35 =
52 + 26 =	27 + 63 =	43 + 46 =
44 + 33 =	47 + 22 =	32 + 57 =

2 Ergänze die Zahlenmauern.

a)

30
☐ ☐
6 ☐ ☐
4 2 5 5

b)

60
☐ ☐
☐ ☐ ☐
8 2 12 10

c)

78
☐ ☐
☐ ☐ 23
12 13 2 ☐

d)

70
☐ ☐
14 ☐ ☐
☐ 4 12 12

3 Schreibe alle möglichen Plusaufgaben auf und löse sie.

66, 54 + 32, 13, 24

66	+	32	=			+		=	
	+		=			+		=	
	+		=			+		=	

1 Ergänze die Rechenhäuser.

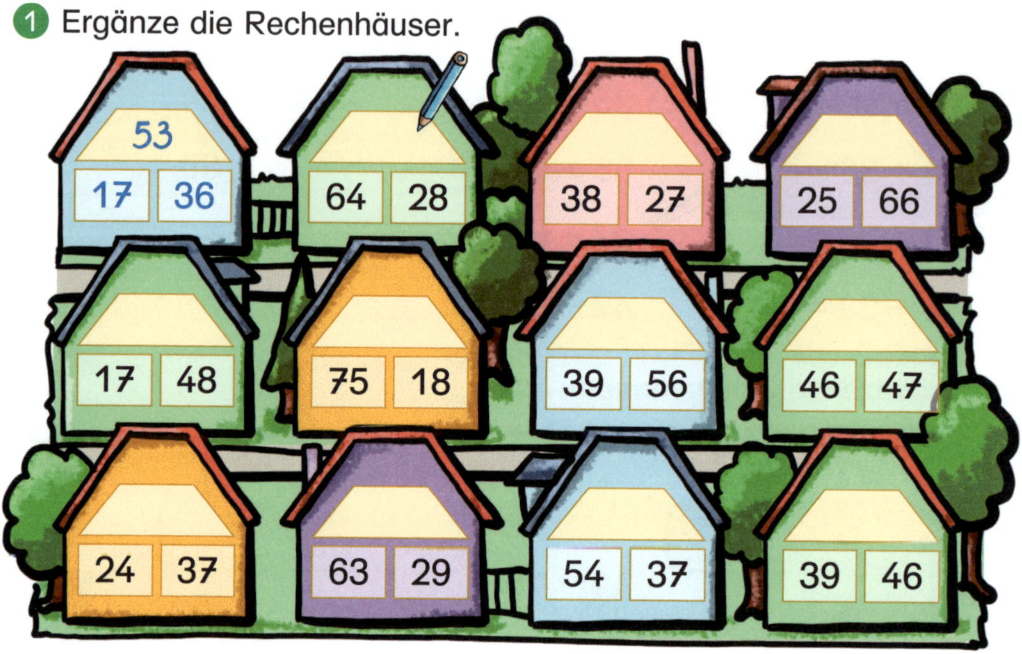

2 Ergänze die Rechentabellen.

a)

+	5	30	18	17
26	31			
69				
43				

b)

+	28	42	19	36
15				
38				
47				

c)

+	24	47	35	28
29				
44				
37				

d)

+	29	15	36	37
56				
32				
48				

1 Rechne im Kopf. Trage nur die Ergebnisse ein.

a)	b)	c)
89 − 36 = 53	85 − 52 =	88 − 46 =
54 − 21 =	66 − 22 =	77 − 35 =
48 − 18 =	49 − 18 =	66 − 24 =
77 − 44 =	94 − 72 =	55 − 13 =

2 Ergänze die Zahlenmauern.

a)

b)

c)

d)

3 Schreibe alle möglichen Minusaufgaben auf und löse sie.

69, 77 − 15, 44, 23

69	−	15	=			−		=	
	−		=			−		=	
	−		=			−		=	

1 Immer drei Luftballons haben das gleiche Ergebnis.
Male sie in der gleichen Farbe aus.

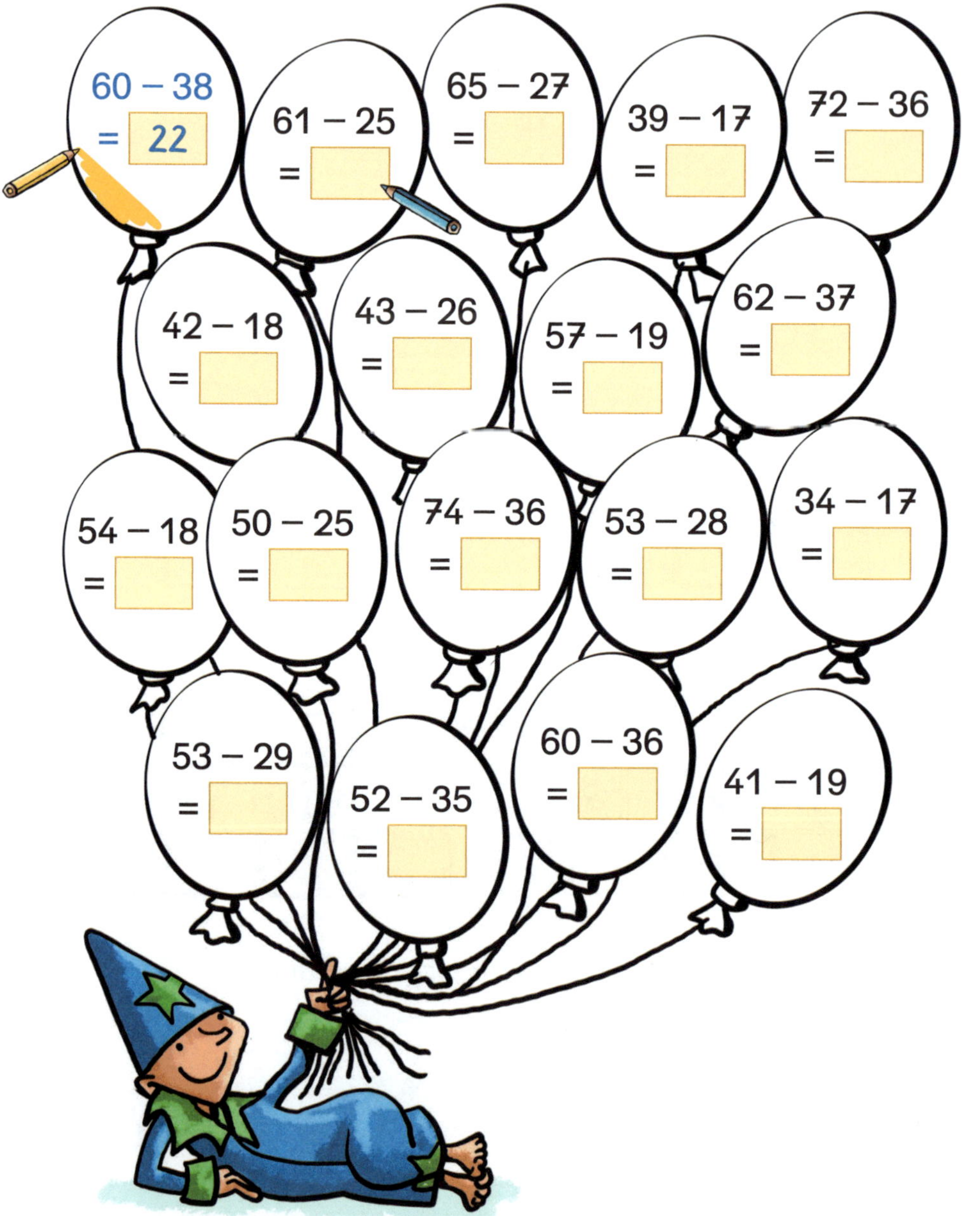

Die Überschlagsrechnung anwenden

1 Rechne die Überschlagsrechnung im Kopf. Ordne passend zu.

a)

12 + 27 | 92 − 28 | 38 + 18 | 27 + 28 | 71 − 33

ungefähr 40 | ungefähr 60

92 − 49 | 76 − 19 | 21 + 18 | 52 − 13 | 41 + 23

b)

25 + 27 | 82 − 38 | 28 + 25 | 14 + 32 | 36 + 18 | 94 − 28

< 50 | > 50

81 − 18 | 19 + 28 | 76 − 16 | 9 + 38 | 96 − 28 | 76 − 32

Plus-, Minus-, Mal- und Geteiltaufgaben üben

1 Löse die Aufgaben. Kontrolliere die Ergebnisse selbst.
Richtige Ergebnisse findest du in den Sternen.

62 ~~43~~ 57 93 8 32 5 49 32 47 4 99 81 21 83 35

7 43 27 97 63 42 6 39 9 54 84 2 35 38 91 3

37 + 8 =	45	97 − 4 =	
45 + 12 =		79 − 30 =	
74 + 25 =		86 − 24 =	
63 + 20 =		43 − 8 =	
39 + 45 =		72 − 25 =	
94 + 3 =		91 − 48 =	
26 + 37 =		68 − 29 =	
55 + 36 =		55 − 17 =	

8 · 4 =		56 : 7 =	
9 · 3 =		48 : 8 =	
7 · 6 =		16 : 4 =	
3 · 7 =		63 : 7 =	
9 · 6 =		12 : 6 =	
9 · 9 =		30 : 6 =	
7 · 5 =		49 : 7 =	
4 · 8 =		27 : 9 =	

Rechnungen und Antworten finden

1 Finde zu jeder Rechengeschichte die Rechnung und die Antwort.

a) Maja möchte Schwimmflossen und einen Wasserball kaufen. Was kostet das zusammen?

R: 17€ + 6€ = 23€

A: ______

b) Ole kauft ein Waveboard. Er bezahlt mit einem 50-€-Schein. Wie viel bekommt er zurück?

R: ______

A: ______

c) Lisa möchte sich 5 Tauchringe kaufen. Wie viel muss sie bezahlen?

R: ______

A: ______

d) Janek möchte die Taucherbrille mit Schnorchel, die Schwimmflossen und das Frisbee kaufen. Was kostet das zusammen?

R: ______

A: ______

Geometrische Körper finden und beschreiben

1 Ordne die Gegenstände den Körpern zu. Verbinde.

2 Kreuze an, welche Aussagen richtig oder falsch sind.

Eigenschaften von  und 	richtig	falsch
Ein Quader hat 6 Flächen.	x	
Quader und Würfel haben 10 Kanten.		
Beim Quader sind immer 4 Kanten gleich lang.		
Alle Flächen eines Würfels sind Quadrate.		
Ein Würfel hat 12 Kanten.		
Alle Flächen eines Quaders sind Quadrate.		
Alle Kanten eines Quaders sind gleich lang.		
Quader und Würfel haben 8 Ecken.		

Mit Steckwürfeln bauen

1 Bestimme die Anzahl der Einzelwürfel.

a) 

11

b) 

c) 

d) 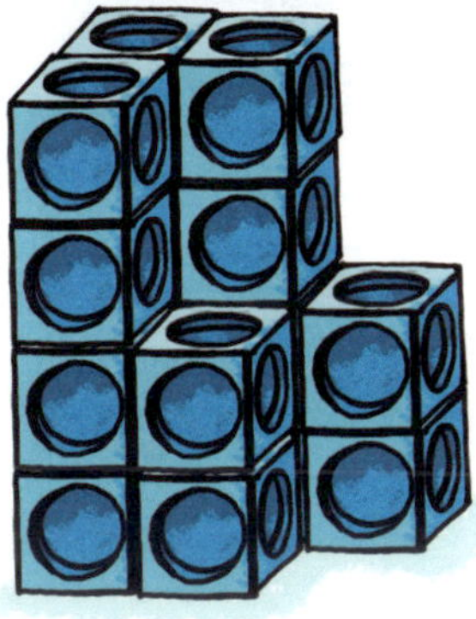

2 Ergänze die Baupläne.

a) 

4		

b) 

Geldbeträge bestimmen und zusammenstellen

1 Zeichne die fehlenden Scheine und Münzen ein.

a)

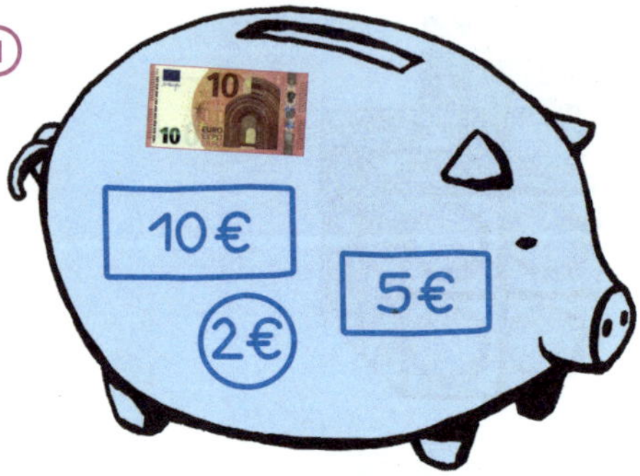

27 Euro

b)

62 Euro

c)

37,50 Euro

d)

48,80 Euro

e)

79,35 Euro

f)

84,87 Euro

1 Berechne das Rückgeld.

a)

___ ct ◯ ___ ct = ___ ct

zurück: ___ ct

b)

___ ct ◯ ___ ct = ___ ct

zurück: ___ ct

c)

___ € ◯ ___ € = ___ €

zurück: ___ €

d)

___ € ◯ ___ € = ___ €

zurück: ___ €

e)

___ € ◯ ___ € = ___ €

zurück: ___ €

f)

___ € ◯ ___ € = ___ €

zurück: ___ €

g)

___ € ◯ ___ € = ___ €

zurück: ___ €

h)

___ € ◯ ___ € = ___ €

zurück: ___ €

1 Schreibe auf, wie viele Minuten seit der letzten vollen Stunde vergangen sind.

a) 

15 Minuten

b) 

___ Minuten

c) 

___ Minuten

d) 

___ Minuten

e) 

___ Minuten

f) 

___ Minuten

2 Lies beide Uhrzeiten ab und schreibe sie auf.

a) 

10.15 Uhr

___ Uhr

b) 

___ Uhr

___ Uhr

c) 

___ Uhr

___ Uhr

d) 

___ Uhr

___ Uhr

e) 

___ Uhr

___ Uhr

f) 

___ Uhr

___ Uhr

Zeitdauer bestimmen

1 Lies ab, wie viele Stunden vergangen sind.

a) 3.00 Uhr oder 15.00 Uhr

____ h →

____ Uhr oder ____ Uhr

b) ____ Uhr oder ____ Uhr

____ h →

____ Uhr oder ____ Uhr

2 Lies ab, wie viele Minuten vergangen sind.

a) 7.05 Uhr oder 19.05 Uhr

____ min →

____ Uhr oder ____ Uhr

b) ____ Uhr oder ____ Uhr

____ min →

____ Uhr oder ____ Uhr

c) ____ Uhr oder ____ Uhr

____ min →

____ Uhr oder ____ Uhr

Strecken zeichnen und messen

1 Miss die Längen der Strecken.

a) b) c) d) e) f) g) h) i)

a) 2 cm b) ____ c) ____ d) ____ e) ____

f) ____ g) ____ h) ____ i) ____

2 Zeichne Strecken mit folgenden Längen:

a) 3 cm

b) 7 cm

c) 5 cm

d) 10 cm

e) 8 cm

Längenangaben zuordnen

1 Kreuze an, was größer oder kleiner ist als ein Meter.

	> 1 m	< 1 m
Meine Schrittlänge		×
Meine Körpergröße		
Meine Armlänge		
Länge meines Bettes		
Länge eines Autos		
Länge eines Fahrrads		

2 Male die Satzteile, die zusammen passen, in der gleichen Farbe an.

Tim wirft den Ball

1 m.

21 m.

Lisa springt beim Weitsprung

Die Breite einer Turnmatte ist

2 m.

100 m.

Die Länge einer Bahn im großen Becken eines Freibads ist

50 m.

Die Länge eines Fußballplatzes ist

Ein Säulendiagramm auswerten

Geburtstage in der Klasse 2a

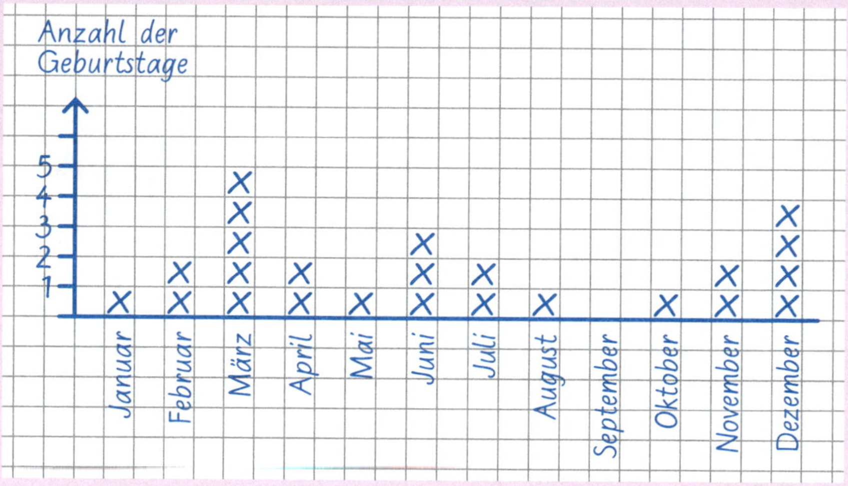

1 Ergänze die Aussagen.

a) Die meisten Kinder haben im ______________________________ Geburtstag.

b) Im ______________________________ haben doppelt so viele Kinder Geburtstag wie im April.

c) Im ______________________________ haben außer Lea noch 2 andere Kinder Geburtstag.

d) In der Klasse 2a sind insgesamt _____ Kinder.

e) In _____ Monaten feiert nur ein Kind Geburtstag.

f) Im ______________________________ feiert kein Kind Geburtstag.

Gestaltungsmöglichkeiten für den Blumenkasten finden

1 In jedem Blumenkasten sollen eine rote, eine gelbe und eine blaue Blume stehen. Male die Blumen so aus, dass jeder Blumenkasten anders aussieht.

Wahrscheinlichkeit und Situationen zuordnen

1 Du darfst aus jedem Geldsäckchen, ohne hineinzusehen, eine Münze herausnehmen. Kreuze an, ob die Aussage sicher, möglich, aber nicht sicher, oder unmöglich ist.

a) Du ziehst aus dem blauen Geldsäckchen ein 1-Cent-Stück.
○ sicher ○ möglich ⊗ unmöglich

b) Du ziehst aus dem roten Geldsäckchen ein 1-Cent-Stück.
○ sicher ○ möglich ○ unmöglich

c) Du ziehst aus dem grünen Geldsäckchen ein 10-Cent-Stück.
○ sicher ○ möglich ○ unmöglich

d) Du ziehst aus dem braunen Geldsäckchen ein 2-Cent-Stück.
○ sicher ○ möglich ○ unmöglich

e) Du ziehst aus dem blauen Geldsäckchen ein 10-Cent-Stück.
○ sicher ○ möglich ○ unmöglich